长满微生物的书

原生生物

［韩］白明植 著/绘

史倩 译

黄河出版传媒集团

阳 光 出 版 社

继细菌之后，

地球上又出现一种叫作变形虫（又译作"阿米巴"）的生物。

之后，又相继出现了很多

长相酷似变形虫的奇怪物种。

草履虫、硅藻、放射虫、眼虫……

瞧，真是连名字都很稀奇的一群生物。

人们把这些生物称为"原生生物"。

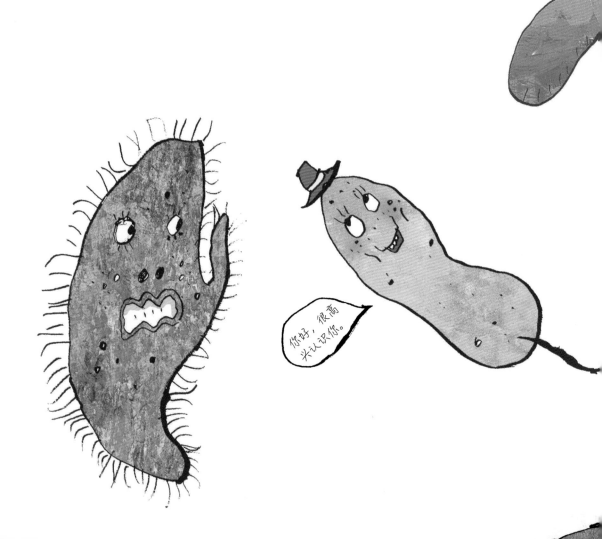

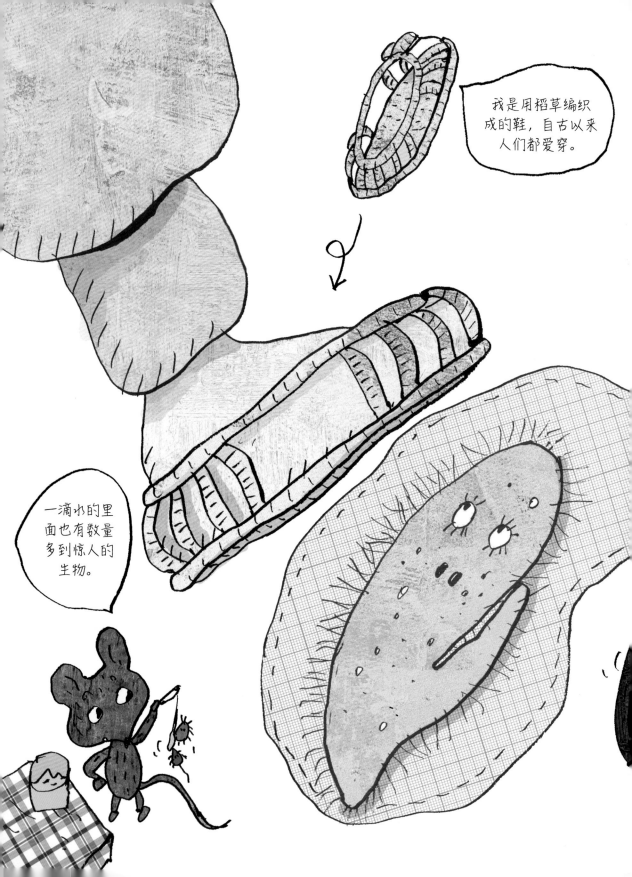

我是草履虫，属于原生生物的一种。

因为我长得像草鞋，人们便给我起了这个名字。

我生活在潮湿的地方。

如果你从莲花池里舀一杯水，拿到显微镜下看，

就能看到我的样子了。

池塘中取出的水

原生生物有单细胞生物，也有多细胞生物。我是单细胞生物。
我们草履虫和钟虫都是靠着纤毛移动，
变形虫和太阳虫是靠伪足移动，
眼虫和植物性浮游生物则是用鞭毛移动。

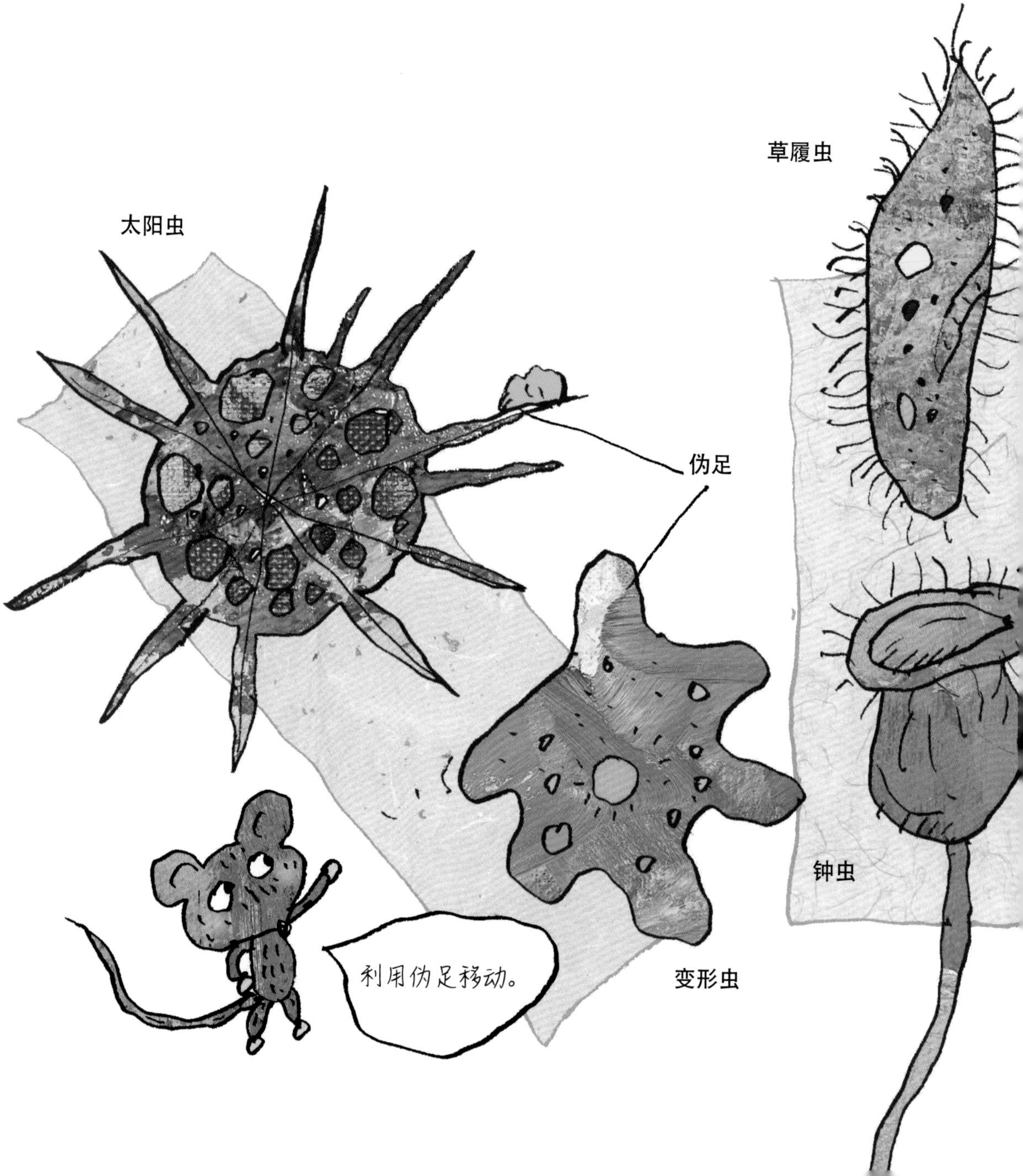

草履虫

太阳虫

伪足

利用伪足移动。

变形虫

钟虫

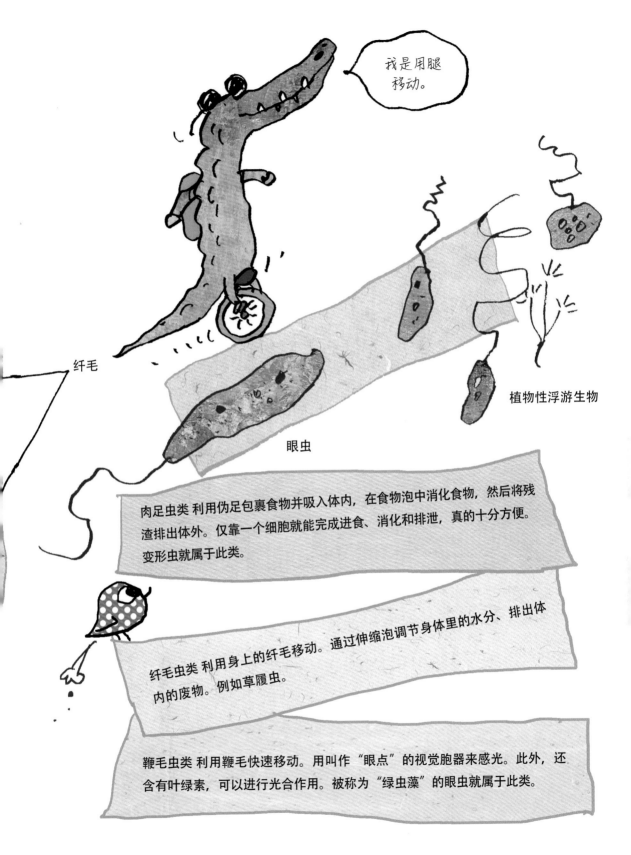

我是用腿移动。

纤毛

眼虫

植物性浮游生物

肉足虫类 利用伪足包裹食物并吸入体内，在食物泡中消化食物，然后将残渣排出体外。仅靠一个细胞就能完成进食、消化和排泄，真的十分方便。变形虫就属于此类。

纤毛虫类 利用身上的纤毛移动。通过伸缩泡调节身体里的水分、排出体内的废物。例如草履虫。

鞭毛虫类 利用鞭毛快速移动。用叫作"眼点"的视觉胞器来感光。此外，还含有叶绿素，可以进行光合作用。被称为"绿虫藻"的眼虫就属于此类。

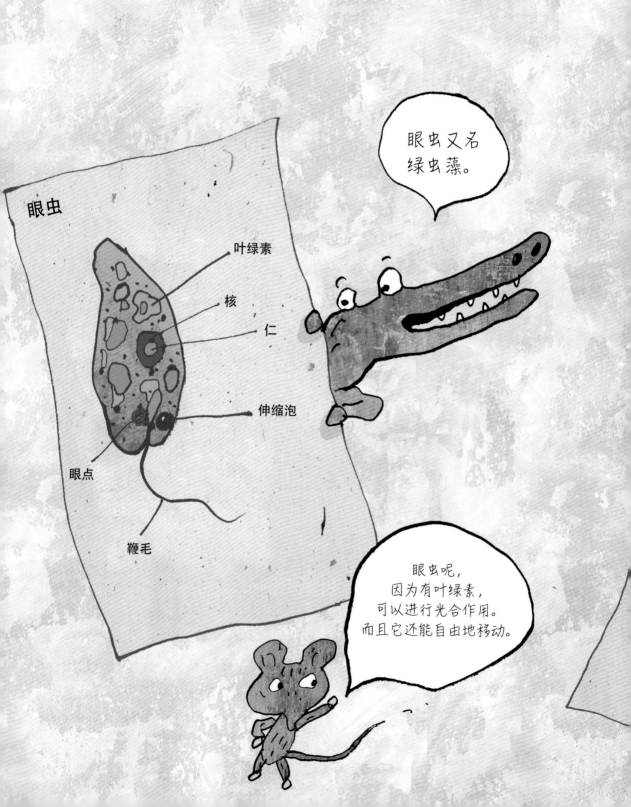

眼虫生活在池塘或水坑里。

它用绿色装点自己，利用鞭毛四处移动。

变形虫的形态则像人的耳垂或者软管的样子，

靠进食小的藻类或者细菌为生。

小球藻浑身呈圆形，

可是没有鞭毛，无法自己移动。

变形虫

核

食物泡

伪足

伸缩泡

变形虫生活在水里或湿地中。但也有一些家伙生活在动物的消化器官里。

小球藻的英文名字 Chlorella，是由希腊语中代表"绿"的"chloros"和拉丁语中代表"小"的"ella"合成而来。

小球藻

小球藻也可以充当人类的食物。

第一次世界大战爆发的时候，

随着战争的持续，德国的粮食越来越紧缺。

德国皇帝威廉二世便向科学家们发问：

"有解决粮食不足的好办法吗？"

"我们将尝试用绿藻类的小球藻制作粮食。"

最后，科学家们用小球藻制作出了各种食品。

在湖泊、池塘，甚至有积水的任何一个地方，

我们都能轻松采集到小球藻。

而且，用小球藻制成的食品口味颇佳，

对人们的健康也非常有益。

有一些原生生物对人类特别恶毒。

比如这个叫"涡鞭毛藻"的家伙。

涡鞭毛藻的数量突然增加时，会产生赤潮。

赤潮是什么呢？赤潮就是指海水变红的现象。

海水变红时，水中的氧气量就会减少。

鱼儿们会因无法呼吸而死。

人类吃下这样死去的鱼，

也会出现中毒症状。

原生生物使用鞭毛或伪足移动。

通过胞口吃进食物，再经由伸缩泡将残渣排出。

我们草履虫的身体两端各有一个伸缩泡。

而我的朋友变形虫和眼虫，

身体里只有一个伸缩泡。

我虽然没有肠和胃，但是完全不影响我进食和排泄。

因为我的食物泡能帮我完成消化过程。

填满伸缩泡。

清空伸缩泡。

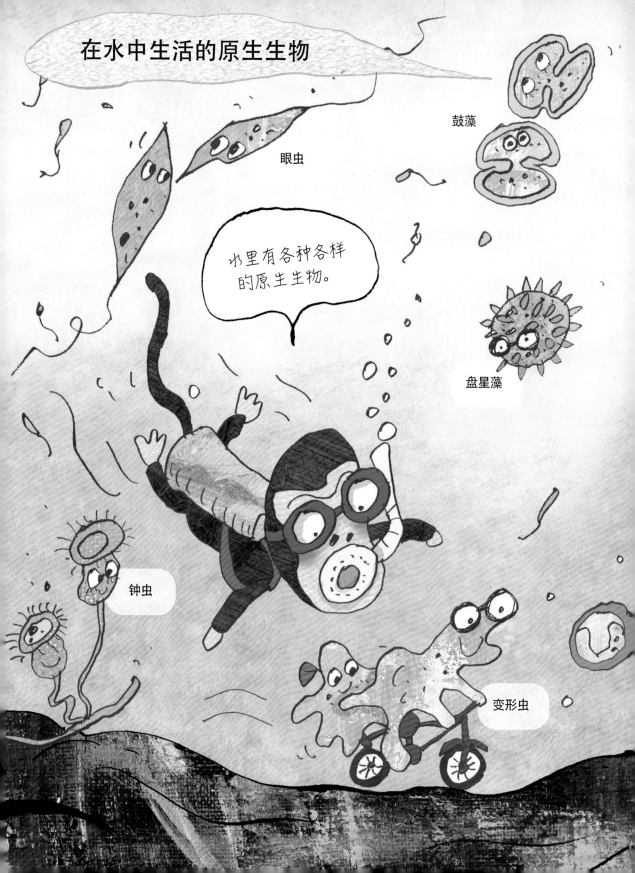

人类的体内也有原生生物。

例如，人的肠道里有蓝氏贾第虫。

令人惊讶的是，蓝氏贾第虫是由荷兰科学家
列文虎克在自己的粪便中发现的。

变形虫大多靠吃非常非常小的细菌为生，
不会给人类造成太大的伤害。

但有一种福氏耐格里变形虫，又名食脑变形虫，
它会进入人的大脑，严重时会致人死亡。

这家伙喜爱潮湿和热，

江河、池塘、水坑，

甚至热水和潮湿的泥土中都可能

找到它们的踪影。

我从我拉的便便里发现了原生生物！

列文虎克

列文虎克的便便

还有一种原生生物能引发痢疾，那就是痢疾内变形虫。

痢疾内变形虫进入人的肠道后，

会一直向细胞内注水，直至细胞充盈破裂。

细胞破裂后，人们就开始腹泻。

严重时会引发大便喷血，甚至导致死亡。

痢疾内变形虫会随着人的腹泻物从寄主体内排出，

然后再经由饮用水等进入新寄主的体内。

如果不想让痢疾内变形虫进入你的身体，

勤洗手是最好的方法哦！

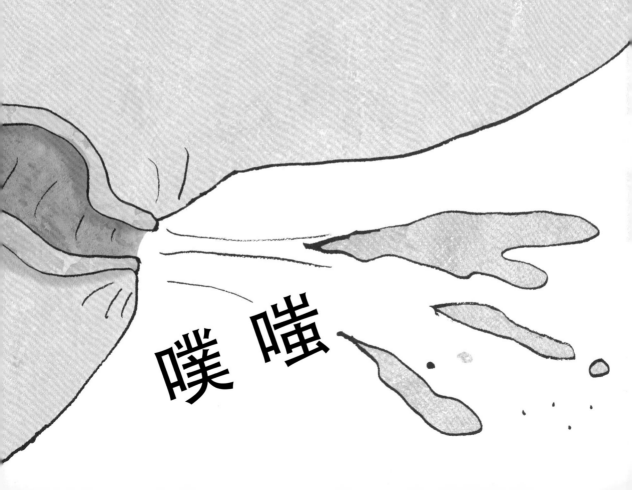

海鱼们吃的植物性浮游生物也是一种原生生物。

浮游生物自己不会游动，

而是跟着海水四处漂游。

顾名思义，浮游生物在广阔的大海中不停游荡，

最后成为海鱼口中的食物。

假若大海中没有了植物性浮游生物，

鱼儿就会饿死，人们便也吃不到美味可口的鱼了。

也就是说，我们原生生物不只对人类有利，

还能帮助其他动物呢！

生活在大海中的各类海藻，
例如绿藻、褐藻、红藻，都是原生生物。
浅海中生活着绿藻，
更深一点的大海里生活着褐藻。
红藻虽然生活在浅海，但也能在很深的大海中存活。
海藻都能进行光合作用。

对了，人类正在以我们原生生物为原型开发机器人，
一种身体柔软又不规则、行动敏捷又无阻的机器人。
这种机器人能像眼虫和变形虫一样自由穿梭于人体中，
能直接消灭人体内的癌细胞，或者打通堵塞的血管。
它能沿着血管治疗身体里的任何部位。
真的很酷！

最后，再告诉你一件事。
人们喜欢吃的食物中，
也有我们原生生物。
比如：海带、紫菜、裙带菜等。
它们既非植物，也非动物，
而是生活在海里的原生生物。

如今，在山上或田间的池塘里，

生活着许多原生生物。

我们很期待和人类友好相处。

虽然有一些恶毒的原生生物会伤害人类的健康，

但是我希望大家相信，同样有很多朋友会带给人类诸多裨益。

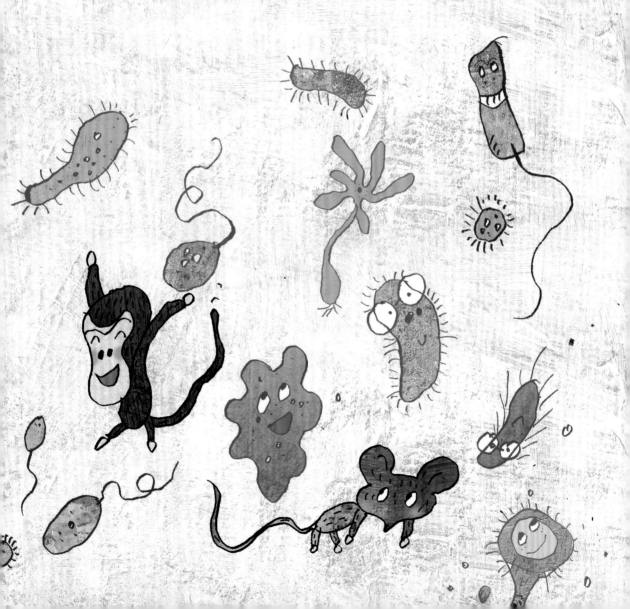

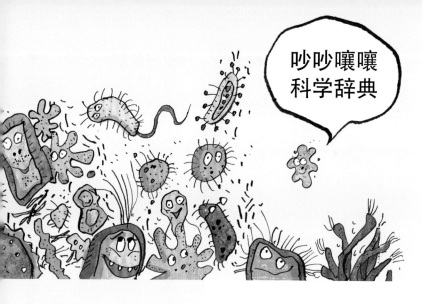

细菌

是一种微生物。个体很小，人的肉眼无法看到。有些细菌会对人类造成伤害，也有很多细菌对人体有益。

伸缩泡

是原生生物体内的排泄器官。长得像口袋，既能扩张也能收缩，以此实现排泄功能。变形虫和草履虫体内都有伸缩泡。

变形虫

是只有一个核的单细胞生物。身体的形态不固定，可以自由地改变外形。利用伪足运动。

原生生物

最简单的真核生物，全部生活在水中。原生生物既不是植物，也不是动物。藻类属于原生生物。

小球藻

属于绿藻类的单细胞生物。蛋白质、必需氨基酸和叶绿素等含量高，经常被制作成健康食品。另外，由于生长速度快，一年四季均可人工培养，正被逐渐开发为一种粮食替代品。

鞭毛

指长相如同长鞭的毛。它既是运动器官，也是摄取营养的器官。可以在细菌、藻类、菌类、动物的精子中看到鞭毛。与纤毛相比，鞭毛的数量更少、长度更长。

浮游生物

指随着水的流动而漂浮的小生物。无法自行游动。即使能游动，它们的游动能力也很弱。

纤毛

指细胞表面又短又细的毛。像草履虫这样的原生生物，可以利用纤毛移动身体或捕食。

消化

指消化器官将从体外摄取来的食物变成身体所需营养成分的过程。

胞口

相当于原生生物的嘴。在眼虫的体前端就有一个像烧瓶一样的胞口。

眼虫

单细胞生物。身体颜色呈绿色，所以也叫"绿虫藻"。长梭形，依靠身体末端伸出的长鞭毛移动。另外，因为体内有叶绿体，所以它可以进行光合作用。

赤潮

指大海或江河的颜色变成红色的现象。浮游生物突然增殖，便会引发赤潮。出现赤潮后，海水和江水就会因缺氧而变质，水中的鱼和贝壳等都会相继生病或死亡。

草履虫

单细胞生物。是代表性的原生生物。长着长长的圆筒形身体，四周被纤毛覆盖，主要以细菌为食。

海藻

是生长在海里的藻类的总称。我们吃的海带、紫菜等都属于海藻。虽然看起来像植物，但是海藻不是植物。海藻根据其颜色的不同可分为绿藻类、褐藻类、红藻类等。

图书在版编目（ＣＩＰ）数据

长满微生物的书．原生生物 ／（韩）白明植著、绘 ；
史倩译 ． -- 银川 ：阳光出版社，2022.4
ISBN 978-7-5525-6233-0

Ⅰ．①长… Ⅱ．①白… ②史… Ⅲ．①原生生物—儿
童读物 Ⅳ．① Q939-49

中国版本图书馆 CIP 数据核字 (2022) 第 023492 号

원생동물
(Protist)
Text by 백명식 (Baek Myoungsik, 白明植), 천종식 (Cheon Jongsik, 千宗湜)
Copyright © 2017 by BLUEBIRD PUBLISHING CO.
All rights reserved.
Simplified Chinese Copyright © 202X by KIDSFUN INTERNATIONAL CO., LTD
Simplified Chinese language is arranged with BLUEBIRD PUBLISHING CO. through Eric Yang Agency
版权贸易合同审核登记宁字 2021008 号

长满微生物的书 原生生物　　　　　　　　　　　　　　［韩］白明植 著/绘　史倩 译

策　划　小萌童书 / 瓜豆星球	电子信箱	yangguangchubanshe@163.com
责任编辑　贾 莉	经　销	全国新华书店
本书顾问　千宗湜	印　刷	北京尚唐印刷包装有限公司
排版设计　罗家洋　胡怡平	印刷委托书号	（宁）0022986
责任印制　岳建宁	开　本	787 mm×1092 mm 1/16
	印　张	2.5
黄河出版传媒集团	字　数	25 千字
阳光出版社　出版发行	版　次	2022 年 4 月第 1 版
出版人　薛文斌	印　次	2022 年 4 月第 1 次印刷
地　址　宁夏银川市北京东路139号出版大厦(750001)	书　号	ISBN 978-7-5525-6233-0
网　址　http：//www.ygchbs.com	定　价	138.00 元（全四册）
网上书店　http：//shop129132959.taobao.com		